¡Mira allí! ¡Pingüinos!

1

MARAVILLAS ANIMALES 08

LOS PINGÜINOS

KATE RIGGS

CREATIVE EDUCATION | CREATIVE PAPERBACKS

¡LOS PINGÜINOS SON GENIALES!

índice

Publicado por Creative Education y Creative Paperbacks
P.O. Box 227, Mankato, Minnesota 56002
Creative Education y Creative Paperbacks
son marcas editoriales de Creative Company
www.thecreativecompany.us

Diseño de Graham Morgan
Dirección de arte de Blue Design (www.bluedes.com)
Traducción de TRAVOD, www.travod.com

Fotografías de Alamy (Maximilian Weinzierl), Bill Curtsinger, Corbis, Dreamstime (Goinyk Volodymyr, Isselee,, Musat Christian), flickr (Biodiversity Heritage Library, Darrell Gulin), Getty
iStock (JeremyRichards), Minden (TUI DE ROY), Science Source (William Ervin), Shutterstock (Leksele)

Library of Congress Cataloging-in-Publication Data

Names: Riggs, Kate, author.
Title: Los pingüinos / by Kate Riggs.
Other titles: Penguins (Marvels). English
Description: Mankato, Minnesota : Creative Education and Creative Paperbacks, [2025] | Series: Maravillas | Includes index. | Audience: Ages 4-7 | Audience: Grades K-1 | Summary: "An engaging introduction to penguins, this beginning reader features eye-catching photographs, humorous captions, and easy-to-read facts about this Antarctic animal"-- Provided by publisher.
Identifiers: LCCN 2023049119 (print) | LCCN 2023049120 (ebook) | ISBN 9798889891017 (library binding) | ISBN 9781682775240 (paperback) | ISBN 9798889891314 (ebook)
Classification: LCC QL696.S473 R54618 2025 (print) | LCC QL696.S473 (ebook) | DDC 598.47--dc23/eng/20231204

Impreso en China

Los pingüinos son aves que nadan. La mayoría de los pingüinos viven en la Antártida o cerca de allí.

¿CUÁN FRÍO
ESTÁ?

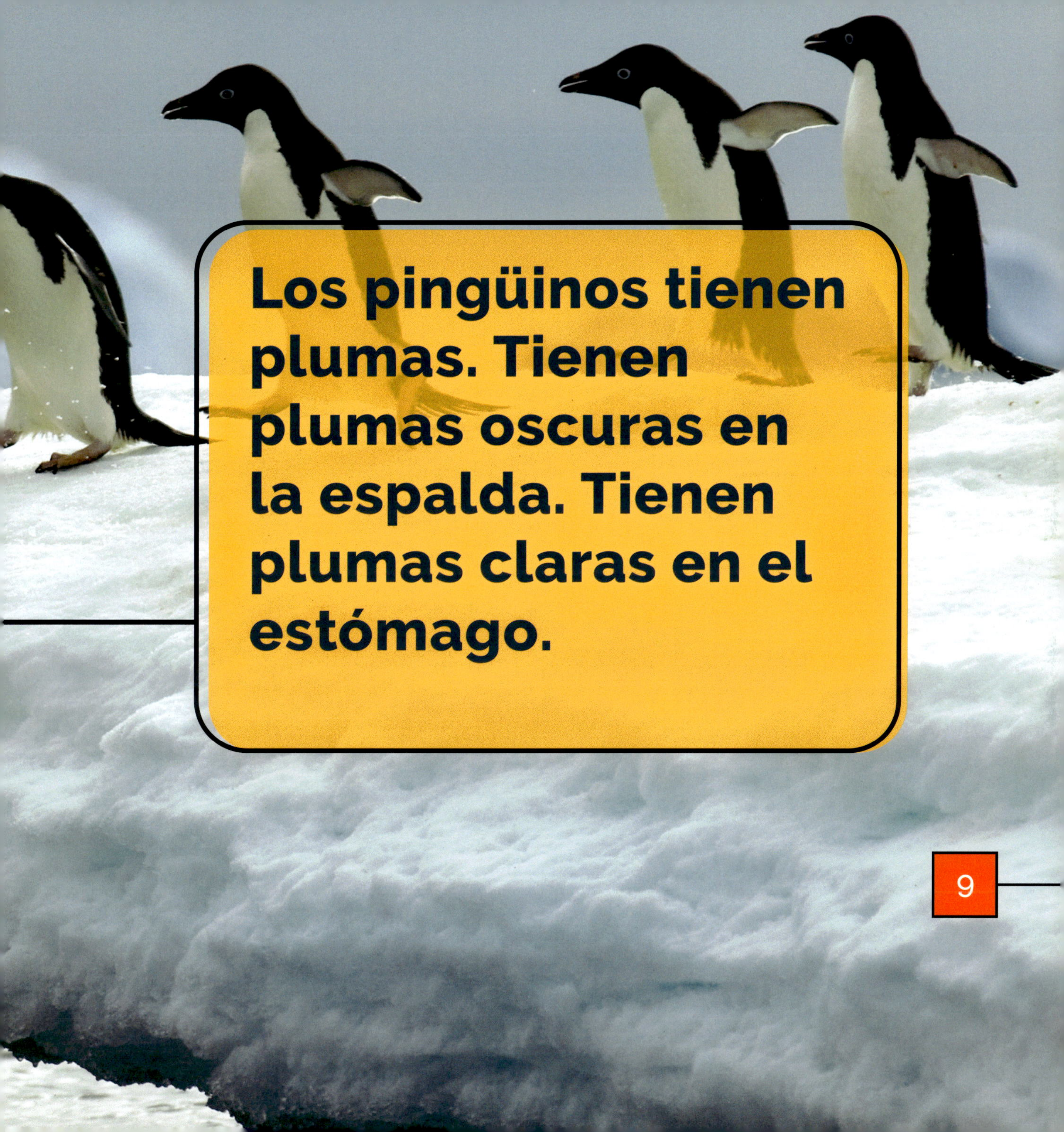

Los pingüinos tienen plumas. Tienen plumas oscuras en la espalda. Tienen plumas claras en el estómago.

Los pingüinos tienen aletas. También tienen pies palmeados.

UN CUERPO HECHO PARA NADAR.

Los pingüinos comen pequeños animales del océano. Les gustan peces como las sardinas.

¡CONSEGUÍ UN PEZ!
¡MI FAVORITO!

Un pingüino bebé es una cría. Una cría vive con otros pingüinos en una **colonia**.

LAS CRÍAS SON ESPONJOSAS.

¿CUÁNTAS CRÍAS PUEDES CONTAR?

Los pingüinos nadan en el océano. Cazan su alimento. ¡A los pingüinos les gusta nadar rápido!

¡HURRA!
¡ESPÉRENME!

¡Adiós, pingüinos!

¡NO NECESITAN UN TRINEO!

[Imagina un pingüino]

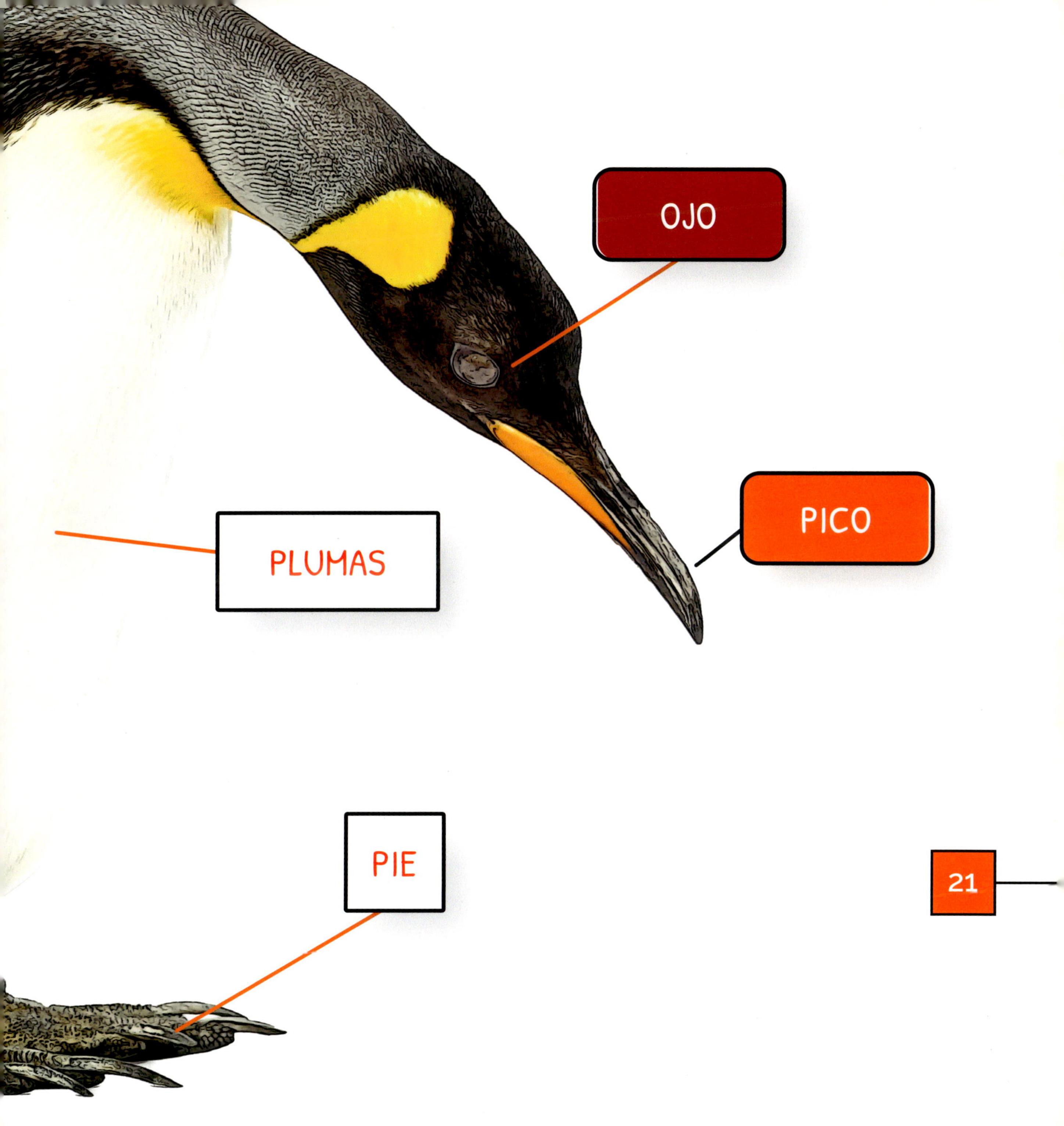
OJO
PICO
PLUMAS
PIE

PALABRAS QUE DEBES CONOCER

aleta: extremidad plana (como un brazo) que ayuda a un pingüino a nadar

Antártida: una masa continental grande cubierta de hielo y nieve

colonia: un grupo de pingüinos que viven juntos en un territorio

océano: un área grande de agua profunda y salada

palmeada: tener los dedos de las patas conectados por una piel plana

ÍNDICE ALFABÉTICO